Azad Alam

Cálculo de carga e conceção do sistema AVAC

Azad Alam

Cálculo de carga e conceção do sistema AVAC

ScienciaScripts

Cover image: www.ingimage.com

This book is a translation from the original published under ISBN 978-3-659-78973-1.

Publisher:
Sciencia Scripts
is a trademark of
Dodo Books Indian Ocean Ltd. and OmniScriptum S.R.L publishing group

120 High Road, East Finchley, London, N2 9ED, United Kingdom
Str. Armeneasca 28/1, office 1, Chisinau MD-2012, Republic of Moldova, Europe
Printed at: see last page
ISBN: 978-620-8-25696-8

ÍNDICE DE CONTEÚDOS:

CAPÍTULO 1	**2**
CAPÍTULO 2	**14**
CAPÍTULO 3	**17**
CAPÍTULO 4	**27**
CAPÍTULO 5	**34**
CAPÍTULO 6	**41**
CAPÍTULO 7	**42**

CAPÍTULO 1
INTRODUÇÃO
1.1 IMPORTÂNCIA DO AR CONDICIONADO

O termo Ar Condicionado, embora utilizado também em muitos conceitos diferentes, implica a criação e manutenção de um ambiente com condições de temperatura, humidade, circulação e pureza do ar que produzam os efeitos desejados necessários ao conforto humano.

Desde a descoberta da roda até à era dos foguetões, o homem sempre tentou criar e inventar coisas para a sua necessidade e conforto. Durante os primeiros tempos, o controlo do ambiente pelo homem limitava-se ao necessário, fornecendo apenas calor suficiente para proporcionar um conforto razoável no inverno. Mas agora, com o advento da refrigeração, o conforto está disponível também no verão.

O objetivo do arrefecimento ou do aquecimento é proporcionar uma atmosfera com caraterísticas tais que os ocupantes do espaço percam efetivamente calor suficiente para permitir o funcionamento adequado dos processos metabólicos do seu corpo e não percam esse calor a um ritmo tão rápido que o corpo baixe a sua temperatura.

O ar condicionado é independente do tempo ou da estação e pode funcionar eficazmente em todas as condições climatéricas extremas.

Durante o verão, quando a atmosfera, nos países tropicais, como o nosso, é quente e seca, surge a necessidade de arrefecer e humidificar o ar presente no espaço condicionado.

Do mesmo modo, durante a estação das chuvas, a atmosfera muda para quente e húmida. Ao longo desta estação, a humidade mantém-se entre 80% e 100% e, no inverno, a temperatura volta a baixar; surge então a necessidade de aquecer e humedecer o ar. A humidade pode ser facilmente introduzida no ar através da pulverização de água e a desumidificação pode ser conseguida através da utilização de dessecante para espaços pequenos ou arrefecendo o ar até ao seu ponto de orvalho, onde todo o vapor de água se condensa e depois é feito um pequeno reaquecimento para descarregar o ar à temperatura desejada.

A este respeito, foram propostos muitos conceitos novos e muito trabalho tem sido feito desde o início deste século.

Uma das maiores sociedades, a "American Society" for Heating, Refrigeration and Air Conditioning Engineers (Sociedade Americana de Engenheiros de Aquecimento, Refrigeração e Ar Condicionado), conhecida popularmente como ASHRAE, realizou um grande trabalho. Efectuaram muitas experiências com seres humanos e sugeriram que, no inverno, as condições de conforto para os seres humanos são de cerca de 21 °C e uma H.R. de 80% e, no verão, de 24 °C e uma H.R. de 50 a 60%.

1.2 AR CONDICIONADO DE CONFORTO

O ar condicionado em edifícios de escritórios, auditórios públicos, lares e salas de aula destina-se a manter as condições de conforto dos ocupantes. Para além do controlo da humidade relativa para o conforto do ar condicionado, é necessário limpar (filtrar) e manter uma circulação de ar adequada.

O ser humano emite calor a uma média de 400 BTU por /h/pessoa devido ao que se chama metabolismo. Um corpo saudável mantém uma temperatura de 98,6°F, mas a temperatura da pele varia consoante a temperatura ambiente e a HR. Naturalmente, se a temperatura ambiente for inferior à temperatura do corpo, o fluxo de calor da pele será constante, mas se a temperatura ambiente for muito baixa, a taxa de fluxo de calor é muito rápida e a pessoa sente frio.

Durante o verão, como a temperatura exterior é superior à temperatura do corpo, não há fluxo de calor da pele para o ambiente, pelo que a pessoa sente calor. Nesta situação, a humidade do corpo evapora-se e ajuda a baixar a temperatura. Mas se o exterior estiver húmido, a evaporação da humidade pode afetar a pele e a pessoa sente-se quente e desconfortável.

O movimento do ar que sopra de uma ventoinha sobre o corpo ajuda a evaporar ligeiramente a humidade e, assim, até certo ponto, alivia a condição desconfortável. Assim, para proporcionar conforto através do ar condicionado, a temperatura e a humidade relativa devem ser mantidas a um determinado nível, de modo a que a dissipação do calor da pele seja constante.

Para além do controlo da temperatura e da humidade relativa, é evidente que deve haver movimento do ar. O ar fornecido pelo aparelho de ar condicionado capta o calor e a humidade da sala, sendo depois aspirado de volta para ser misturado com o ar e recondicionado, de modo a poder voltar a captar o calor e a humidade da sala.

Durante o verão, as paredes, as janelas, os telhados, etc. transmitem calor do exterior para o espaço climatizado. O calor e a humidade infiltram-se na sala através das aberturas das portas.

O equipamento da sala, como a máquina de escrever eléctrica, as máquinas de calcular, as luminárias, etc., também gera calor. Assim, temos a carga de transmissão, a carga de infiltração, a carga humana e a carga eléctrica no interior do espaço climatizado.

O ar condicionado deve ter uma temperatura suficientemente baixa para absorver o calor e a humidade da divisão, de modo a manter uma condição confortável.

1.3 VANTAGENS DO AR CONDICIONADO DE CONFORTO

O ar condicionado de conforto proporciona um ambiente favorável ao ser humano.

As vantagens do ar condicionado de conforto são que o ser humano que vive ou trabalha num espaço com ar condicionado pode fazer o seu trabalho ou viver sem se queixar do calor ou do frio, apesar das condições climatéricas adversas. Mantém invariavelmente as condições ambientais favoráveis ao ser humano durante todo o ano.

1.4 FACTORES QUE AFECTAM O CONFORTO DO AR CONDICIONADO

Os quatro factores importantes para o conforto do ar condicionado são discutidos a seguir:

1. *Temperatura do ar*

No ar condicionado, o controlo da temperatura significa a manutenção de qualquer temperatura desejada num espaço fechado. Isto é conseguido através da adição ou remoção de calor dos espaços fechados como e quando necessário. É de notar que os seres humanos se sentem confortáveis quando o ar está a 21 °C com 56% de humidade relativa.

2. Humidade do ar

O controlo da humidade do ar significa o aumento ou a diminuição do teor de humidade do ar durante o verão ou o inverno, respetivamente, a fim de produzir condições confortáveis e saudáveis.

O controlo da humidade não só é necessário para o conforto humano como também aumenta a eficiência dos trabalhadores. Em geral, para o ar condicionado de verão, a humidade relativa não deve ser inferior a 60%, ao passo que para o ar condicionado de inverno não deve ser superior a 40%.

3. Pureza do ar

É um fator importante para o conforto do corpo humano. Verificou-se que as pessoas não se sentem confortáveis quando respiram ar contaminado se este estiver dentro dos limites aceitáveis de temperatura e humidade. Por conseguinte, é óbvio que é essencial efetuar uma filtragem, limpeza e purificação adequadas do ar. Para o manter livre de poeiras e outras impurezas.

4. Movimento do ar

O movimento ou circulação do ar é outro fator importante, que deve ser controlado, a fim de manter a temperatura constante em todo o espaço condicionado. É, portanto, necessário que haja uma distribuição equitativa do ar em todo o espaço.

1.5 DEFINIÇÃO DE AR CONDICIONADO CENTRAL

Trata-se de um processo de ar condicionado em que apenas um evaporador, condensador, compressor e expansores são utilizados, constituindo um refrigerador para muitas divisões ou para um edifício inteiro, consoante as necessidades, pelo que são utilizadas unidades de tratamento de ar em cada divisão. A água actua como um refrigerante secundário.

A água é arrefecida no refrigerador e esta água arrefecida é transportada para a unidade de tratamento de ar e o ar é arrefecido por esta água arrefecida que circula nas bobinas de arrefecimento. O ar arrefecido é transferido para as divisões passando por condutas isoladas.

Assim, o processo de arrefecimento tem lugar centralmente no local arrefecido, pelo que é designado por Ar Condicionado Central.

1.6 TIPOS DE APARELHOS DE AR CONDICIONADO

A. OS TIPOS BÁSICOS DE APARELHOS DE AR CONDICIONADO

I. Ar condicionado ambiente
II. Ar condicionado central de sistema dividido
III. Ar condicionado central embalado
IV. Arrefecedor de evaporador
V. Ar condicionado central

1.6.1 APARELHOS DE AR CONDICIONADO AMBIENTE

Os aparelhos de ar condicionado montados em janelas arrefecem os espaços individuais condicionados. Uma unidade de janela é um conjunto encapsulado concebido principalmente para montagem numa janela, através de uma parede ou como consola.

Estas unidades foram concebidas para arrefecimento de conforto e para fornecer ar condicionado a uma divisão sem condutas. Incluem uma fonte principal de refrigeração, desumidificação, meios de circulação e limpeza do ar, e podem também incluir meios de ventilação e/ou exaustão e aquecimento. Têm um custo inicial baixo e são rápidos e fáceis de instalar.

Por vezes, também são utilizadas para complementar um sistema central de aquecimento ou arrefecimento ou para condicionar espaços selecionados quando o sistema central se desliga.

Quando utilizadas com um sistema central, as unidades servem normalmente apenas parte dos espaços condicionados pelo sistema central.

Nessas aplicações, tanto o sistema central como as unidades de janela são dimensionados para arrefecer adequadamente o espaço condicionado específico sem que o outro funcione. Noutras aplicações, em que as unidades de janela são adicionadas para complementar um sistema existente inadequado, são selecionadas e dimensionadas para satisfazer a capacidade necessária quando ambos os sistemas funcionam.

As unidades de janela requerem uma exposição exterior para a rejeição do calor e não podem ser utilizadas em divisões interiores. Nesses locais, deve ser utilizada a opção de unidade dividida.

O compressor de fluido frigorigéneo faz agora parte da máquina que se encontra na zona da janela.

Uma vez que este compressor gera a maior parte do ruído, entre outros componentes, a unidade de janela tornará a divisão acusticamente inferior a outros sistemas de ar condicionado. A troca de ar fresco para a sala pode ser fornecida por:

- Colocar o interrutor "ventilador" do ar condicionado de janela na posição "aberto".
- Instalação de um ventilador de extração na divisão para extrair o ar da divisão para o exterior - cuidado para não sobredimensionar o ventilador.
- Fuga natural de ar para dentro e para fora da divisão.

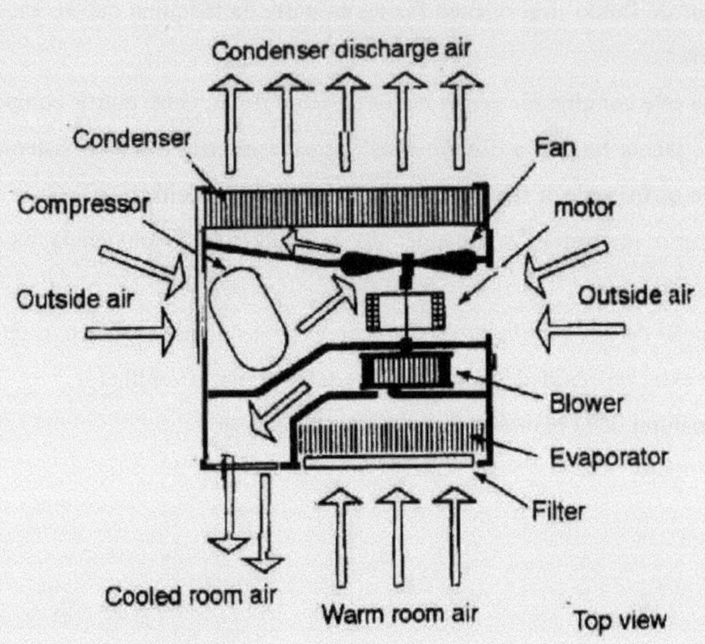

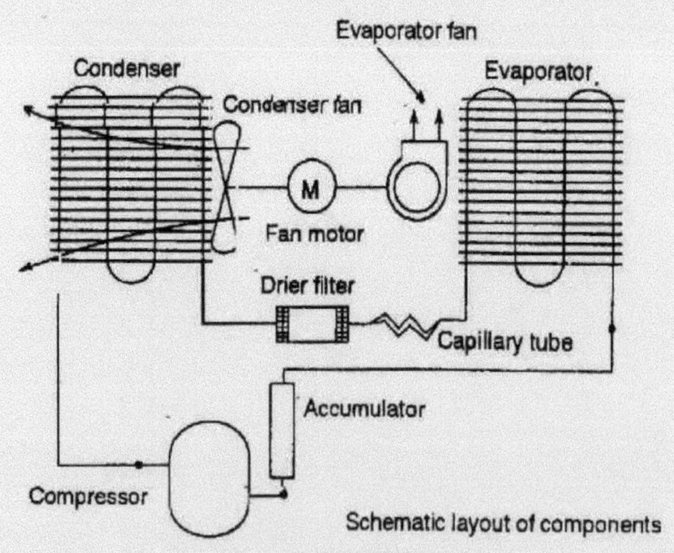

AR CONDICIONADO AMBIENTE

1.6.2 SISTEMAS DE AR CONDICIONADO SPLIT

Como o nome sugere, os sistemas split são sistemas individuais em que os dois permutadores de calor estão separados (um no exterior e outro no interior). Por outras palavras, a parte do evaporador (arrefecimento) está localizada no interior e a unidade de condensação (rejeição de calor) está localizada no exterior. Ambas as caixas estão ligadas entre si por tubos de refrigeração,

O compressor de refrigerante, que normalmente está instalado no interior da unidade exterior, bombeia o refrigerante através da unidade interior e da unidade exterior. Por conseguinte, o ruído gerado pelo compressor permanece no exterior.

O refrigerante capta o calor do interior (serpentina do evaporador) e rejeita a energia para a atmosfera exterior ao passar pela unidade exterior (serpentina de condensação).

A energia rejeitada é a soma da energia absorvida no interior mais a energia consumida pelo compressor para bombear o fluido frigorigéneo através do circuito do fluido frigorigéneo. Este circuito de refrigerante é um circuito fechado e, se as juntas das tubagens estiverem bem instaladas, não deverá ocorrer qualquer fuga de refrigerante.

1.6.3 SISTEMAS DE AR CONDICIONADO DE PACOTE

Um sistema de ar condicionado de pacote é uma variante dos grandes sistemas split. Se o compressor de refrigerante do sistema de ar condicionado da unidade exterior for instalado juntamente com a unidade interior, é designado por sistema de pacote.

O compressor é agora colocado no interior, o que torna a máquina menos espaçosa do que o sistema split. No entanto, isto permite uma maior capacidade de refrigeração para a unidade interior.

É necessário um sistema de pacotes se a unidade exterior, atualmente designada por condensador, for colocada no telhado, com a unidade interior alguns pisos abaixo.

Os equipamentos de ar condicionado de expansão direta consistem em componentes do ciclo de refrigeração adaptados de fábrica para inclusão em sistemas de ar condicionado, que são concebidos no terreno para satisfazer as necessidades do utilizador.

Estes estão disponíveis em capacidades de refrigeração de 3 a 100 toneladas e estão disponíveis em opções de condensador arrefecido a ar e arrefecido a água. Para uma área maior, são por vezes utilizados equipamentos de pacotes múltiplos que se caracterizam por várias unidades de ar condicionado, cada uma com o seu próprio ciclo de refrigeração.

O sistema de unidades embaladas é eficiente, flexível e versátil, para além de ter um baixo custo inicial e de funcionamento. No entanto, estes sistemas não são fiáveis quando é essencial um controlo rigoroso da humidade.

As unidades de encapsulamento são utilizadas em quase todos os tipos de aplicações em edifícios, especialmente em aplicações em que os requisitos de desempenho são menos exigentes, sendo importante um custo inicial relativamente baixo e uma instalação simplificada.

As aplicações incluem escritórios, usos residenciais, hotéis, fábricas, motéis, habitações multi-ocupação, lares de idosos, escolas, centros comerciais e outros edifícios com vida útil limitada.

No entanto, as unidades compactas também são utilizadas em aplicações onde são necessários níveis de desempenho elevados, como salas de computadores e laboratórios.

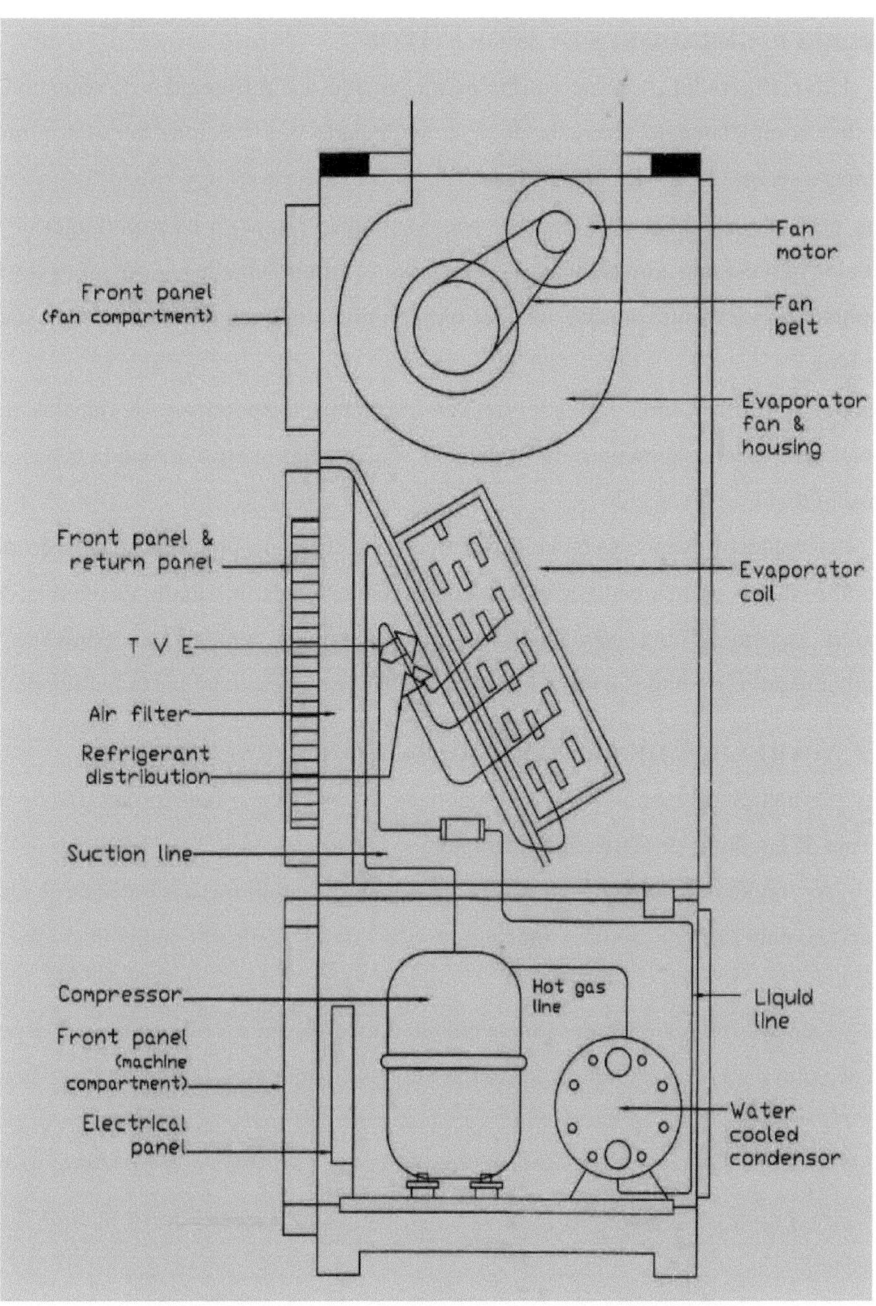

SISTEMA DE AR CONDICIONADO DE PACOTE

1.6.4 REFRIGERADORES EVAPORATIVOS

Um refrigerador evaporativo (também chamado de "refrigerador de pântano") é um tipo completamente diferente de ar condicionado que funciona bem em climas quentes e secos.

Estas unidades arrefecem o ar exterior por evaporação e sopram-no para o interior do edifício, provocando um efeito de arrefecimento muito semelhante ao processo de evaporação da transpiração que arrefece o corpo num dia quente (mas não demasiado húmido).

Quando se utiliza uma unidade de arrefecimento evaporativo, as janelas são parcialmente abertas para permitir a saída do ar quente do interior à medida que este é substituído por ar arrefecido.

Os refrigeradores evaporativos custam cerca de metade do preço de instalação dos aparelhos de ar condicionado centrais e consomem cerca de um quarto da energia. No entanto, requerem uma manutenção mais frequente do que os aparelhos de ar condicionado refrigerados e são adequados apenas para áreas com baixa humidade.

1.6.5 APARELHOS DE AR CONDICIONADO CENTRAL

Os aparelhos centrais de ar condicionado fazem circular o ar frio através de um sistema de condutas de fornecimento e retorno.

As condutas de alimentação e os registos (ou seja, aberturas nas paredes, no chão ou no teto cobertas por grelhas) transportam o ar arrefecido do ar condicionado para a casa.

Este ar arrefecido torna-se mais quente à medida que circula pela casa: depois flui de volta para o ar condicionado central através de condutas de retorno e registos.

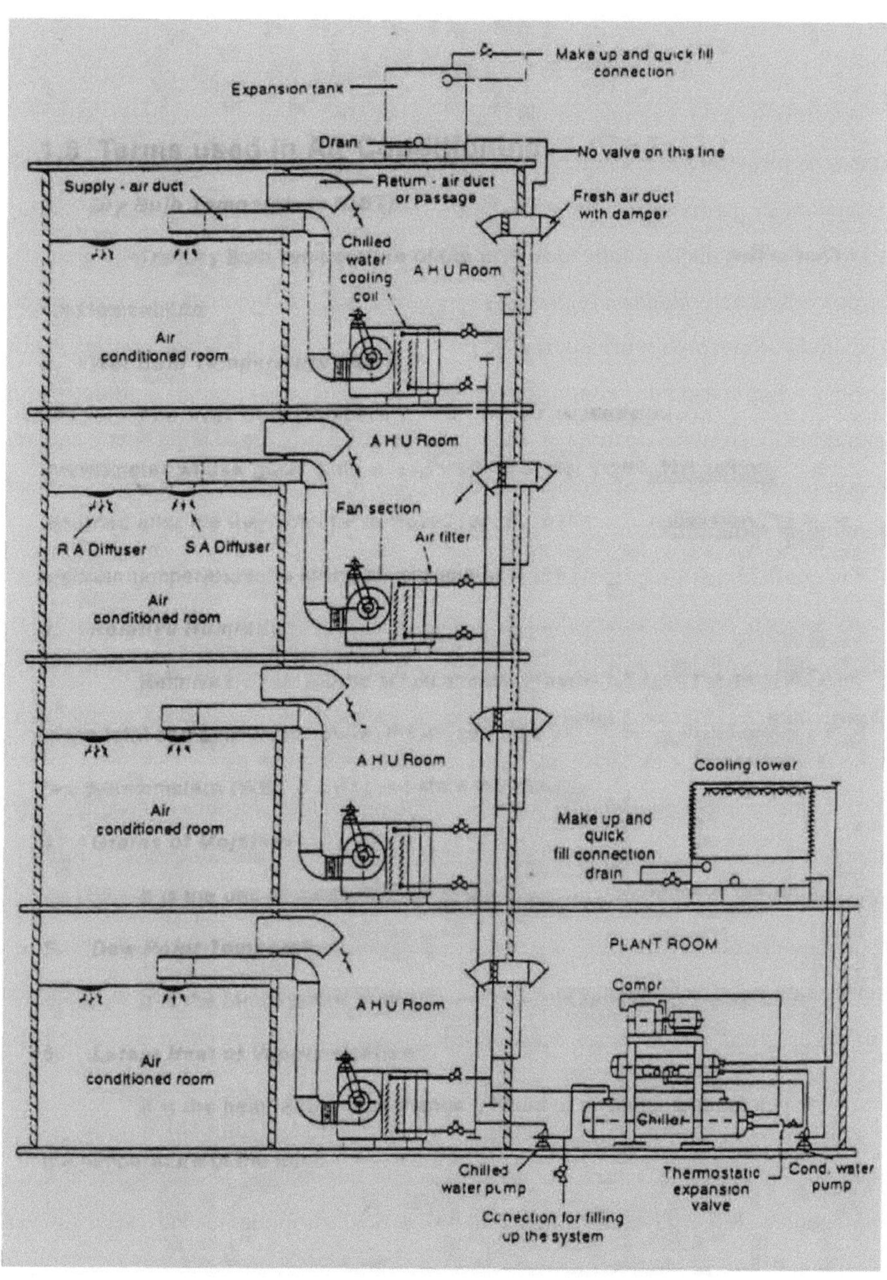

SISTEMA DE AR CONDICIONADO CENTRAL

CAPÍTULO 2
REVISÃO DA LITERATURA

A estimativa da carga de arrefecimento no verão é feita selecionando primeiro os valores de projeto para a temperatura exterior de verão do bulbo seco (valor de 2,5%), a temperatura média coincidente do bulbo húmido e a temperatura média diária do local a partir dos dados publicados. A temperatura interior de projeto é selecionada de acordo com as actividades a realizar no espaço com ar condicionado. Durante o verão, é escolhida uma temperatura interior de 24°C a 26°C e uma humidade relativa máxima de 60%. Em caso de condições especiais, tais como espaço adjacente não condicionado, sombras de árvores, etc., a temperatura no espaço adjacente é estimada. Os componentes da envolvente do edifício que ligam o espaço a manter à mesma temperatura são omitidos.

Os coeficientes globais de transferência de calor para todos os componentes da envolvente do edifício são calculados com a ajuda das propriedades térmicas do material de construção. Para as condições de projeto e os componentes do edifício, são determinadas as diferenças de temperatura da carga de arrefecimento, os factores de ganho de calor solar e os factores de carga de arrefecimento.

Com base no coeficiente de transferência de calor, na área e na diferença de temperatura, são calculadas as taxas de transmissão de calor através dos diferentes componentes do edifício. A partir dos planos e especificações do edifício, do programa de funcionamento do sistema, dos valores de projeto das velocidades do vento e da diferença de temperatura, estima-se a taxa de infiltração e/ou ventilação do ar exterior. Durante a estimativa da carga de ar condicionado no verão, a carga de calor latente também é incluída.

Os ganhos de calor internos são calculados para luzes, equipamento ou pessoas, aplicando factores de carga de arrefecimento adequados. A soma de todos os componentes de carga acima mencionados e dos componentes de carga de verão determina a capacidade máxima necessária para o arrefecimento.

O procedimento para calcular a carga de aquecimento para o ar condicionado de inverno é bastante semelhante, com as seguintes pequenas modificações. Neste caso, é escolhido o valor de 97,5% da temperatura exterior. A temperatura interior é mantida entre 20°C e 22°C e é mantida uma humidade relativa mínima de 30%. Uma temperatura ligeiramente mais baixa é confortável no inverno. Isto deve-se à aclimatação natural do corpo humano sem o ambiente da porta. Aliás, isto é bom do ponto de vista da poupança nos custos de funcionamento do sistema de ar condicionado.

A redução de 1°C do gradiente de temperatura pode resultar numa grande poupança se o edifício com ar condicionado for bastante grande. Para os cálculos da carga de aquecimento no inverno, a radiação solar direta de superfícies transparentes pode ser negligenciada.

Os procedimentos de cálculo passo-a-passo e os dados tabulares extensivos foram adequadamente comunicados na literatura. Os engenheiros de projeto utilizam estes dados para estimar as cargas de arrefecimento e aquecimento para decidir sobre a capacidade e as especificações do equipamento de transferência de calor.

Os engenheiros consultores de projeto não preferem frequentemente o método de estimativa de carga, que se baseia no primeiro princípio. Em vez disso, adoptam uma abordagem simplificada, utilizando formulários de estimativa de carga. Esta abordagem poupa esforços e dá resultados satisfatórios para a seleção de unidades de ar condicionado de capacidade adequada.

O formulário de estimativa de carga do Air Conditioning and Refrigeration Institute (ACR1) é muito utilizado. O formulário consiste em dados tabelados em função da diferença de temperatura de projeto. Todas as cargas prováveis foram consideradas. Estas consistem em cargas de transmissão através de paredes expostas (não isoladas e com diferentes graus de isolamento), paredes divisórias, telhados (inclinados ou planos com espaço de ar ventilado, planos sem espaço de ar, bem como ambas as categorias com diferentes graus de isolamento), teto (sob salas não condicionadas ou sobre espaço aberto de rastejamento) e carga de ar exterior. Os dados relativos à radiação solar direta são incluídos para diferentes tipos de sombreamentos utilizados sobre superfícies transparentes.

Uma outra abordagem, que está a tornar-se mais popular, é a utilização de software informático desenvolvido pela empresa ou pelo indivíduo que o utiliza diretamente ou adquirido por uma agência que o comercializa. No primeiro caso, o trabalho da maior parte dos desenhadores é puramente mecânico e utilizam o programa como se fosse uma ferramenta. Fornece os dados de entrada no formato prescrito, executa o programa e obtém os resultados. Foram desenvolvidos programas bastante sofisticados que estão a ser comercializados por grandes empresas multinacionais, como a carrier e a training. Estes programas estão a ser adquiridos pelas grandes empresas de consultoria e utilizados extensivamente.

CAPÍTULO 3

PROCEDIMENTO DE ESTIMATIVA DE CARGA

3.1 CARGA TÉRMICA DO AR CONDICIONADO

Para o ar condicionado de verão, o espaço climatizado é mantido a uma temperatura inferior à temperatura ambiente. O teor de humidade também pode ter de ser mantido. Além disso, temos de ter em conta o calor gerado pelos ocupantes, luzes eléctricas, ventoinhas e outros aparelhos. Naturalmente, estes aumentam a temperatura da divisão. Este calor é designado por carga térmica sensível da divisão.

Os ocupantes do compartimento também libertam humidade e podem existir outras fontes de humidade no compartimento. Assim, torna-se necessário remover o excesso de humidade libertado para a sala tão rapidamente quanto é libertado, condensando-o e drenando-o como condensado (água). Para tal, é necessário remover o calor latente de vaporização do vapor de água em excesso.

O ar circundante infiltra-se no espaço condensado sempre que as portas são abertas e também através de pequenas fendas à volta das portas, janelas e paredes. Também aumenta a carga térmica sensível e latente da divisão. Além disso, uma pequena parte do ar fresco é absorvida para efeitos de ventilação. Assim, a carga de arrefecimento e desumidificação deste ar fresco que contornou o aparelho de arrefecimento aumenta a carga da divisão.

Quando a conduta de ar de insuflação passa pelo espaço não condicionado, o ar de insuflação ganha calor devido à transmissão de calor do exterior através das paredes e dos isolamentos da conduta. Isto também contribui para a carga térmica sensível da divisão. Se a ventoinha da unidade de tratamento de ar estiver localizada no lado de saída da serpentina de arrefecimento (como num sistema de passagem), a potência utilizada pela ventoinha, este calor é adicionado à carga de calor sensível da divisão.

A soma de todas as cargas de calor sensível e latente acima referidas é conhecida como carga de calor sensível da divisão (RSH) e carga de calor latente da divisão (RLH), respetivamente. A soma de RSH e RLH é conhecida como carga térmica total da divisão (RTH).

O rácio entre RSH e RTH é conhecido como Fator de Calor Sensível Ambiente

(RSFH).

1. SHF = $\frac{SH}{SH+LH}=\frac{SH}{TH}$

Onde

SHF = Fator de calor sensível

SH=Calor sensível

LH=Calor latente

TH=Calor total

2. RSHF = $\frac{RSH}{RSH+RLH}=\frac{RSH}{RTH}$

Onde

RSHF = Fator de calor sensível da divisão

RSH = Calor ambiente sensível

RLH = Calor latente da divisão

RTH = Calor total da divisão

3. ERSHF = $\frac{ERSH}{ERSH+ERLH}=\frac{ERSH}{ERTH}$

Onde

ERSHF = Fator de calor sensível efetivo da divisão

ERSH = Calor Sensível Efetivo da Sala

ERLH = Calor latente ambiente efetivo

ERTH = Calor total efetivo da divisão

3.2 Estimativa da carga térmica

A conceção e a seleção do equipamento de refrigeração do ar condicionado devem ser feitas com cuidado e com a maior precisão possível.

Condições de projeto no interior

O ar condicionado destina-se a manter as condições de conforto para as pessoas (ar condicionado de conforto) ou para aplicações industriais. Para o funcionamento em aquecimento, assume-se geralmente uma temperatura interior de 20°C -22°C e, para o funcionamento em arrefecimento, uma temperatura típica de 23°C-26°C. Também se assume uma humidade relativa mínima de 30% no inverno e uma máxima de 60% no verão. Mas nós assumimos uma temperatura interior de 25°C e uma humidade relativa de 60% para o nosso local de conceção.

3.3 CÁLCULO DA CARGA TÉRMICA

Os sistemas de ar condicionado utilizados têm de suportar dois tipos de cargas conhecidas como carga de calor sensível e carga de calor latente.

A: Ganho de calor sensível efetivo na sala (ERSH):

A carga devida à radiação solar (carga solar) divide-se em duas formas:

Al (a) Radiação solar direta através de superfícies transparentes:

Este ganho não se limita apenas ao lado virado para o sol, os outros lados também podem absorver calor, mas em muito menor grau. As tabelas de referência nos livros de projeto dão o valor deste ganho de calor por hora por unidade de área (kcal/hr/m^2) para diferentes orientações, horas do ar, horas do dia e para várias latitudes,

Ganho de calor = A x R x MF

Onde, A = Área do vidro em m^2

R = Ganho solar em kcal/hr/m^2

MF= Fator de multiplicação para o tipo de vidro, sombreamento, etc.

Al b) Radiação solar absorvida pelas paredes e telhados:

O calor do sol será absorvido pelas paredes e telhados e, mais tarde, transferido para a sala por condução. Isto resulta numa maior diferença de temperatura em relação ao espaço com ar condicionado. As tabelas de projeto fornecem as seguintes informações:

(i) Diferença de temperatura equivalente para uma temperatura exterior normalizada, digamos (35°C e temperatura interior de 25°C).

(ii) Factores de correção para diferentes temperaturas exteriores e interiores a adicionar ou subtrair ao valor normalizado de (i).

(iii) Factores de correção para diferentes tipos de sombreamento a adicionar ou subtrair a (i).

(iv) Coeficientes de transmissão para os materiais de construção mais comummente utilizados em unidades de calor por hora por unidade de área por grau de diferença de temperatura.

Ganho de calor = A x U x Eq. TD

Onde, A = Área da parede ou do telhado em m^2

U = Coeficientes de transmissão em kcal/hr/m /°C^2

Eq. TD = Diferença de temperatura equivalente corrigida em °C

A2 Carga de transmissão:

Uma temperatura ambiente mais elevada provoca o fluxo de calor através das janelas, divisórias e pavimentos.

Ganho de calor = A x U xTD

Onde, A = Área do vidro/partição em m^2

U = Coeficientes de transmissão para vidros/partições (das tabelas) em kcal/hr/m /°C^2

TD = Diferença de temperatura entre a envolvente e o espaço condicionado, em °C.

A3 Infiltração e ventilação / Carga de ar fresco:

Os quadros de projeto indicam a quantidade de ar de infiltração para vários tipos de portas/janelas, para fissuras observáveis e para a infiltração devida à abertura das portas. Esta carga é geralmente ignorada, uma vez que pode ser combinada com a carga devida à entrada de ar fresco para ventilação.

A carga da sala devido à passagem de ar fresco (através da serpentina de arrefecimento) é,

Carga térmica = Q_v x ρ xC x BF x TD

Onde, Q_v = Ventilação em m /min^3

TD = Diferença de temperatura entre o interior e o exterior, em °C

BF = Fator de passagem da bobina

ρ = Densidade do ar =1,2 kg/m^2

C = Calor específico = 0,24

A4 (a) Ganho de calor interno devido a pessoas/ocupação:

O calor é gerado no corpo humano através do processo de metabolismo. A taxa metabólica varia com o tipo de atividade do indivíduo. As tabelas de projeto fornecem o calor sensível e latente gerado por pessoa.

A4 (b) Ganho de calor interno devido à luz:

Luz fluorescente = Total de watts x 1,25 x 0,86 kcal/hr

Luz incandescente = total de watts x 0,86 Kcal/hr

Nota: A potência da ventoinha e as luzes contribuem apenas para o calor sensível

A4 c) Ganho de calor interno a partir de U.A.H. no sistema de tiragem:

Ganho de calor = B.H.P. do ventilador x 641 para obter o valor em Kcal/hr

A4 (d) ganho de calor interno dos aparelhos:

Ganho de calor = Potência dos aparelhos x 0,86 para obter em kcal/hora (apenas para calor sensível)

A5 Fator de segurança:

Um adicional de 5% sobre o RSH é considerado como um fator de segurança e também cobre itens como o ganho de calor pela conduta de fornecimento, fugas, etc.

A6 Ganho de calor sensível efetivo na sala (ERSH):

Obtém-se pela adição dos elementos Al a A5

B. Ganho de calor latente efetivo na sala (ERLH):

Bl (a) infiltração:

Esta situação é geralmente ignorada, tal como explicado anteriormente nesta secção A3.

Bl b) Carga de ar fresco ou de ar de derivação:

A parte do calor latente (ou seja, o calor latente removido para a condensação do excesso de humidade do ar fresco que passa) faz parte do ganho de calor latente da sala. O ganho de calor depende da quantidade de humidade a ser condensada e drenada. Este valor é igual à diferença entre o teor de humidade interior e circundante e pode ser determinado a partir da tabela psicométrica. Ganho de calor pelo ar de derivação = Q_v x 60x p x hx B.F x (w_0 - Wi) kcal Onde, h = Calor latente de condensação do vapor de água em kcal/kg

(w_0 - Wi) = Diferença no teor de humidade em gramas de ar seco.

p = Densidade do ar =1,2 kg/m

Calor latente do vapor de água = 588,3 kcal/kg

$\Rightarrow$Ganho de calor = m^3 /min. x 60 x 1,20 x 0,5883 x B.F x (wo-Wi)

= 42. 36 x m^3 /min. x B.F. x (w -Wi) $_0$

= 0,706 cmh xB.F. x (wo-Wi)

Bl(c) pessoas (Ocupação):

A humidade libertada pelos ocupantes tem de ser condensada.

Ganho de calor = n x w x h

= nx w x 0,5883 kcal/hr

Onde, n = número de pessoas

w = humidade libertada/pessoa em g/pessoa

h = Calor latente de condensação da humidade em Kcal/g = 0,5883 Kcal/g

3.4 FOLHAS DE CÁLCULO DE ARREFECIMENTO ACRI

O cálculo da carga térmica para a instalação de AC pode ser efectuado utilizando dois métodos, um pelo método do primeiro princípio e outro utilizando as folhas ACRI. O primeiro princípio é um método moroso e complicado para calcular a carga térmica. Todas as empresas de ar condicionado desenvolveram as suas próprias folhas ACRI ou pedem-nas emprestadas às grandes empresas. As empresas são tecnicamente muito sólidas no domínio do ar condicionado.

Ao calcular a carga térmica com a ajuda das folhas ACRI, os diferentes itens de carga t a diferentes temperaturas de bolbo seco são multiplicados pelo respetivo fator (F). Por exemplo, a carga de uma janela, parede, telhado, etc., é multiplicada pela respectiva área exposta à fonte de calor. O resultado obtido de cada item de carga é adicionado para obter a carga final.

No nosso projeto, calculámos a carga utilizando ambos os métodos de cálculo da carga térmica para obter resultados precisos.

3.5 CÁLCULO DA CARGA TÉRMICA PELA REGRA DO POLEGAR

Determinar com exatidão a carga térmica de um edifício é um cálculo muito difícil e complexo. O tamanho de todas as paredes, tectos e janelas tem de ser medido. O valor R de todos os materiais utilizados na construção do edifício deve ser conhecido ou assumido. A quantidade de fugas de ar para dentro e para fora do edifício deve ser avaliada. Outros factores considerados são o tipo e a construção das condutas, a orientação da habitação em relação ao sol, o tamanho e a forma das saliências e até a quantidade de sombra proporcionada por árvores ou outros edifícios nas proximidades. Calcular a capacidade de refrigeração necessária para uma divisão é um processo complicado, pois há muitos factores a considerar. No entanto, existe uma regra geral simples que pode utilizar para estimar a capacidade de refrigeração necessária para a sua divisão. Utilize este resultado para comparar com o cálculo efectuado pelos técnicos de ar condicionado para efeitos de verificação.

Passo 1

Determine o volume da divisão em pés cúbicos. Para tal, mede-se o comprimento, a largura e a altura da divisão em pés e multiplica-se as três dimensões.

Volume = Largura xComprimento xAltura (pés cúbicos)

Passo 2

Multiplicar este volume por 6.

Cl = Volume x 6

Passo 3

Faça uma estimativa do número de pessoas (N) que normalmente ocupam esta sala. Cada pessoa produz cerca de 500 Btu/h de calor para actividades normais relacionadas com o escritório. Multiplique estes dois valores.

C2 = N x 500 Btu/hr

Passo 4

Somando Cl e C2, obtém-se uma capacidade de arrefecimento muito simplificada necessária para a divisão.

Estimativa da capacidade de arrefecimento necessária = Cl + C2 (Btu/hr)

3.6 INQUÉRITO AOS EDIFÍCIOS

A própria base da estimativa da carga térmica depende de um levantamento muito preciso dos componentes da carga térmica do espaço a ser condicionado. Os seguintes aspectos físicos são dignos de consideração

1. *Orientação do edifício* .'- Este aspeto define a localização do espaço condicionado em relação a:

(i) Pontos da bússola para o efeito do sol e do vento.

(ii) As estruturas permanentes adjacentes para efeitos de sombreamento.

(iii) Superfícies reflectoras

2. *Utilização do espaço condicionado:-* Pode ser utilizado para escritórios, hospitais, lojas, fábricas, etc.
3. *Dimensão física do espaço:* - Comprimento, largura, altura
4. *Altura do teto: - A* distância entre o teto falso e as vigas, e a altura do chão ao chão.
5. *Pilares e vigas:* - As dimensões e a profundidade dos pilares e vigas, bem como qualquer outra caraterística construtiva especial, devem ser anotadas.
6. *Material de construção:-* O material de construção utilizado, a espessura das paredes e dos telhados, o teto, os pavimentos e a sua localização no edifício devem ser anotados.
7. *Condições circundantes:-*Deve-se anotar *se* os espaços adjacentes são condicionados ou não condicionados e a temperatura dos espaços adjacentes não condicionados.
8. *Portas e janelas:* - Devem ser registados a localização, o tipo, a dimensão, o material, a frequência da abertura, a abertura dupla ou simples e o sombreamento, etc.
9. *Pessoas:* - O número de pessoas, a duração da sua ocupação e a natureza do seu trabalho devem ser registados.
10. *Carga devida a aparelhos em funcionamento:-* A potência e a duração dos gases de escape devem ser registadas com precisão.
11. *Ventilação:* -Deve calcular-se o ar necessário para a eliminação dos odores por pessoa ou por metro quadrado.
12. *Armazenamento térmico:* - A variação de temperatura admissível durante o dia de projeto, a natureza do mobiliário, o material dos tapetes, etc. devem ser tidos em consideração.
13. *Funcionamento contínuo ou intermitente:* - Deve-se notar se a instalação tem de funcionar todos os dias da estação ou apenas ocasionalmente.

3.7 LOCALIZAÇÃO DOS EQUIPAMENTOS E SERVIÇOS

A seleção da localização do equipamento e o planeamento da distribuição do ar e da água são também aspectos muito importantes da recolha de dados. As seguintes diretrizes devem ser seguidas para a estimativa.

1. *Espaço disponível:-* É muito importante o registo *adequado* da localização de todas as escadas, elevadores, poços, condutas, etc., bem como a localização adequada dos espaços para os aparelhos de tratamento de ar, instalações de refrigeração, máquinas, torres de arrefecimento, tubagens e serviços.

2. *Possíveis obstruções:-* É essencial conhecer a localização de todas as condutas eléctricas, tubagens e outras obstruções susceptíveis de interferir no sistema de condutas.

3. *Localização de todas as paredes e* divisórias *corta-fogo* - Isto é essencial para que os registos corta-fogo necessários possam ser instalados de acordo com os códigos e regulamentos.

4. *Localização da entrada de ar exterior:-* Para evitar a sujidade e a contaminação do ar fresco de entrada, a rua, os outros edifícios e a direção do vento assumem importância.

5. *Serviços de energia:* - Localização, capacidade, limitação de corrente, fases de tensão. 3 e 4 fios e como a energia adicional pode ser trazida e onde, tem que ser analisada.

6. *Serviços de água:-* A localização, o tamanho das linhas, a capacidade, a pressão e a temperatura máxima dos serviços de água devem ser verificados.

7. *Caraterísticas arquitectónicas do shaper:-* As tomadas devem ser selecionadas de modo a integrarem-se no desenho arquitetónico.

8. *Drenagem:* - A localização e a capacidade e o escoamento das águas residuais têm de ser tidos em conta.

9. *Instalações de controlo:* - A disponibilidade de uma fonte de ar comprimido, se for caso disso, e a pressão e a instalação eléctrica para os controlos devem ser tidas em conta.

10. *Requisitos de controlo de ruído e vibrações:-* Deve ser observada a relação entre a localização dos equipamentos de refrigeração e dos aparelhos de tratamento de ar e a localização das zonas críticas em termos de ruído e vibrações.

11. Acessibilidade para deslocar o aparelho e a maquinaria para o local desejado: - É muito necessário ter em conta as escadas, as portas, as suas dimensões e a acessibilidade a partir da rua, para que o problema da instalação seja resolvido em conformidade.

CAPÍTULO 4

CÁLCULO DA CARGA TÉRMICA

4.1 CÁLCULO DA CARGA DA SALA DE REUNIÃO

Data: -13 de julho & Hora: 3:00 P.m

Condições exteriores

110 °F = 43,3 °C = DBT

75,2 °F = 24 °C = WBT

Sala/condição de projeto

76 °F = 24,4 °C = DBT

65 °F = 18,3 °C = WBT

Humidade relativa `$\phi$` = 50%

Localização

Latitude 27° 53' N, longitude 78'04' E, altitude 187m

Especificações

Dimensão do salão 63 x 42,01x 18,5 $pés^3$

Janela 9 (lado norte) 5,434x 5,125 ft^2

Janela 1 (lado oeste) 5,234 x 3,892 $pés^2$

Porta principal 01 7x 4.342 $pés^2$

Porta lateral 02 6,125 x5,017 $pés^2$

Ganho solar - Vidro (radiação solar direta)

Vidro: As janelas estão localizadas apenas nas paredes norte e oeste.

Fator de armazenamento = 0,26 [Ref: Hand book of AC system design by Carrier]

Pico de calor solar através de um vidro normal às 15h00, com uma latitude de 27° 53' N

N - Vidro = 14 $Btu/hrft^2$

W - Vidro = 164 $Btu/hrft^2$

Nove janelas estão localizadas no lado norte das dimensões = 5,434 x5,125 ft^2

Uma janela está localizada no lado oeste da dimensão = 5,234 x 3,892 $pés^2$

.-. Ganho solar total através dos vidros (Btu/hr)

= 14 x 9 x 5,434 x 5,125 x 0,26 + 164 xlx5,234 x3,892 x 0,26

= 1780,94 Btu/hr

Solar & Trans. Ganho de paredes e telhados

Através das paredes

Área líquida da parede do lado norte = Área total da parede - Área das janelas

= 63 x 18,5-9x5,434x5,125

= 914,86 pés^2

Área líquida da parede do lado sul = Área total da parede

= 63 x 18.5

= 1165,5 pés^2

Área líquida do muro do lado Este = Área total do muro

= 42.01 x 18.5

= 777,185 pés^2

Área líquida do muro do lado oeste

= Área total da parede - (Área da porta principal + Área da janela)

= 42,01 x 18,5 - (7x 4,342 + 5,234 x 3,892)

= 777.185 - (30.394 + 20.3707)

= 726,4203 pés^2

Coeficiente global de transferência de calor para a parede = 0,2 (Ref: Hand book of AC system design by Carrier)

Diferença de temperatura equivalente = temperatura exterior - temperatura interior

= 110 °F-76 °F

= 34 °F

Para carga máxima, adicionamos 5 °F

Na parede com exposição nos lados sul, oeste e norte.

Carga térmica total

Q_{wall} = 914,86 x (34 + 5) x 0,2 + 1165,5 x (34 + 5) x 0,2 + 777,185 x (34 + 5) x 0,2 + 726,4203 x (34+5) x 0,2

= 7135.91 + 9090.9 + 6062.04 + 5666.07

= 27954,92 Btu/hr

Através do teto

Área do telhado = 63 x 42,01 = 2646,63 pés^2

Transferência de calor total = 0,7692 Btu/ft^{20} F [Ref: Hand book of AC system design by Carrier]

A diferença de temperatura de projeto é considerada 10 °F superior à diferença de temperatura

(34 +25) = 44 °F

Q_{roof} = 0,7692 x 2646,63 x 44

= 89574,66 Btu/hr

Radiações difusas (Ganho de calor - Exceto parede e telhado)

Coeficiente global de transferência de calor para o vidro, U_{glass} = 0,36 Btu/hr ft^2 °F

Área do vidro = 9x 5 .434 x 5.125 + 5.234 x 3.892

= 271,01 pés^2

Diferença de temperatura = 110 - 76 = 34 °F

Q_{glass} (Radiação difusa) = 0,36 x 271,01 x 34

= 3317,16 Btu/hr

Ganho de calor interno

Carga de ocupação

Considerando 224 pessoas de cada vez, a 76° F, obtém-se

Ganhos de calor sensível = 245 Btu/hr/pessoa [Ref: Manual do sistema AC

Ganhos de calor latente = 205 Btu/hr/pessoa projetado pela Carrier]

Carga térmica sensível 'Q_{sen}' = 245 x 224

= 54880 Btu/hr

Carga de calor latente 'Q_{sen}' = 205 x 224

= 45920 Btu/hr

Carga de ocupação total de toda a sala de reuniões

Q_{seep} = (224 x 245) + (224 x 205)

= (54880 + 45920) Btu/hr

= 100800 Btu/hr

Carga de iluminação

Num corredor, observam-se as seguintes instalações eléctricas

Tubo fluorescente = 24 de 40 W

Ventilador =10 de 100 W

Fator de carga de armazenamento = 3,4 [Ref: Hand book of AC system design by Carrier]

Carga ligeira total do edifício da Assembleia

$Q_{Lighting}$ =24 x 40 x 3,4 + 10 xlOOx 3,4

= 6664 Btu/hr

Carga do equipamento

Inversor = 300 W

Projetor = 300 W

Fator de carga de armazenamento = 3,4 [Ref: Hand book of AC system design by Carrier]

Carga total do equipamento, Q *Equipamento* = 300 x 3,4 + 300 x 3,4

= 2040 Btu/hr

Infiltrações / Carga de ventilação

Através da porta

Pressupondo infiltrações = 2,5 cfm/pessoa/porta

Número da porta de entrada = 01

Número de pessoas = 224

Total de infiltrações = (2,5 x 224 xl) = 560 cfm

B.F = 0,12

Assumindo que as infiltrações através das janelas = 240 cfm

Quantidade total de infiltrações de ar

240 + 560 = 800 cfm

Diferença de temperatura = temperatura exterior - temperatura interior

= 100 -76 = 34 °F

$Q_{\text{infiltrations}}$ =800x34.0x0.12x 1.08

= 3525,12 Btu/hr

Carga de ventilação

Total cfm = 800

M.F. = 0,68

Teor de humidade (gr/lb de ar seco) = 78

$Q_{\text{Ventilation}}$ = Total cfm x 34,0 x B.F x M.F

= 800 x 0,12 x 0,68 x 78

= 5092

Ar quente exterior

Sensato

Cfm total = 800

Diferença de temperatura (T.D) = 34 °F

Fator de contacto (CF) = 0,88

Fator de multiplicação (M.F) = 1,08

Q_{sensible} = Cfm total x T.D x CF x M.F

= 800 x 34 x 0,88 x 1,08 = 25851 Btu/hr

Latente

M.F. = 0,68

Q_{Latent} = Cfm total x Teor de humidade x CF x M.F

= 800 x 78 x0,88 x 0,68 = 37340 Btu/hr

Carga térmica total no pavilhão da assembleia =>

1780.94 + 27954.92 + 89574.66 +3317.16 + 100800 + 6664+2040 + 3525.12 + 5092 + 25851 + 37340 = 341738.31 Btu/hr

Carga térmica total = 303939,8Btu/hr

$$\textbf{Tonnage} = \frac{\textbf{303939.8}}{\textbf{12000}}$$

= 25,23 Toneladas ~ 25 Toneladas

4.2 CÁLCULO DE CONDUTAS POR DUCTULATOR

ADP = 52 F (Temperatura do ponto de orvalho do aparelho)

Aumento desumidificado = (Temperatura ambiente -ADP) x CF = (76-52)0,88 = 21,12° F

Calor sensível efetivo da divisão = 271893,86 Btu/hr

Desumidificado cfm = 271893.86 cfm

Total cfm $= \frac{271893.86}{12}$ (N.º de condutas =12)

= 12874 cfm

Conduta n.º l (Conduta principal) 12874cfm f = 0,08 (f= perda de fricção)

= 1250 x 600 mm ou 50/24 polegadas

Conduta n.º 2

(Conduta principal - Conduta de derivação x 2)

= 12874- 1610 x 2

= 9654cfm

= 1000 x600mm ou 40 /24 polegadas

Conduta NO. 3

(Conduta n.º 2 - Conduta de derivação x 2)

(9654 - 1610x 2) = 6434 cfm

= 1000 x 450 mm ou 50/18 polegadas

Conduta n.º 4

(Conduta n.º 3 - Conduta de derivação x2)

(6434 -1610 x2) = 3214cfm

= 750 x350mm ou 30/14 polegadas

Conduta de ramificação 5, 6, 7, 8, 9,10,11 e 12

Conduta principal cfm / N.º de condutas de derivação N.º de condutas de derivação = 8

$$= \frac{12874}{8} = 1610\ cfm$$

= 500 x 350 mm ou 20/14 polegadas

4.3 CÁLCULO DA CARGA PELA REGRA DO POLEGAR

Volume total do pavilhão de montagem = 63 x 42,01 x 18,5

= 48962,655 pés cúbicos

Multiplicar este volume por 6

Cl = Volume x 6

=293775.93 cu ft

Número de pessoas (N) =224

Cada pessoa produz cerca de 500 Btu/hora de calor para actividades normais relacionadas com o escritório.

C2 = N x 500 Btu/hr

=224x500

=112000

Estimativa da capacidade de arrefecimento necessária = Cl + C2 (Btu/hr)

=293775.93 +112000

= 405775.93 Btu/hr

=33,81 toneladas

A CARGA TÉRMICA CALCULADA COM A AJUDA DA REGRA DO POLEGAR É DE 33,81 TONELADAS; ESTE VALOR É APROXIMADAMENTE PRÓXIMO DA CARGA TÉRMICA CALCULADA UTILIZANDO AS FOLHAS ACRI, QUE É DE 25,23 TONELADAS.

POR ISSO, A CARGA TÉRMICA CALCULADA ESTÁ CORRECTA

CAPÍTULO 5
CONCEPÇÃO DO DUCTO

5.1 INTRODUÇÃO DA CONDUTA

O ar condicionado (arrefecido ou aquecido) proveniente do equipamento de ar condicionado deve ser corretamente distribuído pelas salas ou espaços a condicionar, de modo a proporcionar condições de conforto. Quando o ar condicionado não pode ser fornecido diretamente do equipamento de ar condicionado para os espaços a condicionar, são instaladas condutas. Os sistemas de condutas transportam o ar condicionado do equipamento de ar condicionado para os pontos de distribuição de ar adequados ou para as saídas de fornecimento de ar na divisão e transportam o ar de retorno da divisão de volta para os pontos de ar condicionado ou para as saídas de fornecimento de ar na divisão e transportam o ar de retorno da divisão de volta para o equipamento de ar condicionado para recondicionamento e recirculação.

Note-se que o sistema de condutas para a distribuição adequada do ar condicionado custa cerca de 20 a 30 % do custo total do equipamento necessário e que a energia requerida pelos ventiladores constitui uma parte substancial do custo de funcionamento. Assim, é necessário conceber o sistema de condutas de ar de modo a que o custo de capital das condutas e o custo de funcionamento dos ventiladores sejam os mais baixos.

5.2 DUCTULADOR

As condutas são condutas utilizadas para a circulação do ar no ar condicionado. É muito necessário que o ar seja distribuído corretamente em todos os cantos do espaço condicionado para conseguir o aquecimento necessário. As condutas são geralmente rectangulares, quadradas ou circulares e são geralmente feitas de chapas metálicas de peso como o alumínio, o estanho, etc

Antes de instalar o AC central, as condutas são concebidas de acordo com o CFM de ar necessário para circular no espaço a ser condicionado para cumprir a carga. São instaladas duas condutas em paralelo, uma para o fornecimento de ar, conhecida como conduta de ar, e outra para o retorno do ar, conhecida como conduta de ar de retorno. O tamanho da conduta não se mantém constante. Varia de acordo com o CFM necessário em diferentes posições do espaço a ser condicionado. Para calcular o tamanho da conduta, existem dois métodos: um é o método de conceção tradicional de cálculo do tamanho da conduta, tendo em consideração diferentes aspectos, e o outro utiliza uma abordagem mais simples.

O Ductulator é muito preciso e fácil de calcular a dimensão da conduta de acordo com o CFM do ar necessário. Para o espaço condicionado e na disposição do sistema de tratamento de ar, dimensionamento da conduta e verificação dos sistemas de condutas existentes. Com uma única definição, a resposta a qualquer problema de dimensionamento de condutas pode ser lida diretamente na face do calculador de condutas.

Existem duas formas de calcular a dimensão da conduta, uma é através da velocidade constante e a outra é através do método de fricção constante. Neste caso, utilizámos o método de fricção constante para o cálculo da dimensão da conduta com a ajuda do ductulator. É muito mais fácil calcular a dimensão da conduta utilizando o método de fricção constante e também é possível evitar cálculos complicados. A razão mais importante para a utilização deste método é o facto de só podermos calcular a dimensão da conduta utilizando este método através do simulador de condutas. Assim, evita-se outro método típico de cálculo da dimensão da conduta.

Neste método, o CFM do ar, que é calculado de acordo com a carga e a velocidade do ar, ou seja, recomendado de acordo com o tipo de edifício, por exemplo, residencial, teatro, bibliotecas, escritórios, edifícios industriais, etc., é colocado em frente um do outro, fazendo movimento no ductulator, o que nos fornece todos os dados para a conceção da conduta.

5.3 CLASSIFICAÇÃO DAS CONDUTAS

As condutas podem ser classificadas da seguinte forma:

i. Conduta de ar de alimentação

A conduta que fornece o ar condicionado do equipamento de ar condicionado para o espaço a ser condicionado é designada por conduta de fornecimento de ar.

ii. Conduta de ar de retorno

A conduta que transporta o ar recirculado do ar condicionado de volta para o equipamento de ar condicionado é designada por conduta de ar de retorno.

Ui. Conduta de ar fresco

A conduta que transporta o ar exterior é designada por conduta de ar fresco.

iv. Conduta de baixa pressão

Quando a pressão estática na conduta é inferior a 50 mm de calibre de água, diz-se que se trata de uma conduta de baixa pressão.

v. Conduta de média pressão

Quando a pressão estática na conduta é de até 150 mm de calibre de água, diz-se que a conduta é uma conduta de média pressão.

vi. Conduta de alta pressão

Quando a pressão estática na conduta é de 150 a 250 mm de calibre de água, diz-se que a conduta é uma conduta de alta pressão.

5.4 MÉTODO DE CONCEPÇÃO DAS CONDUTAS

Existem dois métodos comuns para o dimensionamento de condutas

(i) Método de fricção igual

(ii) Método de redução da velocidade

2.4.1 MÉTODO DO ATRITO IGUAL

Neste método, a perda de carga por atrito por unidade de comprimento da conduta é mantida constante em todo o sistema de condutas. O procedimento consiste em selecionar uma velocidade adequada na conduta principal a partir da consideração do nível sonoro, conhecendo o caudal de ar e a velocidade na conduta principal. O tamanho e a perda de fricção são determinados a partir do gráfico. As restantes condutas são então dimensionadas, mantendo a perda de fricção por unidade de comprimento neste valor para os respectivos caudais de ar.

Este método de dimensionamento de condutas reduz automaticamente a velocidade do ar na direção do fluxo. O método é geralmente recomendado devido à sua simplicidade. Se um projeto de atrito igual tiver uma mistura de condutas curtas e longas, a conduta mais curta necessitará de uma quantidade considerável de amortecimento. Este é o inconveniente da conceção de igual atrito.

2.4.2 MÉTODO DE REDUÇÃO DA VELOCIDADE

Neste método, a conduta principal é projectada da mesma forma que no método de atrito igual. Depois disso, são feitas reduções arbitrárias na velocidade do ar à medida que se desce na conduta. Os diâmetros equivalentes são encontrados, como anteriormente, a partir do gráfico de atrito.

Embora o método permita velocidades seguras, não é normalmente adotado a menos que a pessoa que o utiliza tenha experiência prática e conhecimentos consideráveis para conceber uma precisão razoável. As velocidades de arranque não devem exceder as recomendadas.

5.5 CONCEPÇÃO DE CONDUTAS DE AR

A economia essencial de um sistema de transmissão de ar é conseguida através de um equilíbrio adequado entre o custo inicial ou primeiro custo e o custo de funcionamento para um determinado caudal de ar. O primeiro custo é determinado pelo custo do sistema de condutas, que depende das dimensões das condutas. O custo de funcionamento é determinado pelo consumo de energia da ventoinha, que depende da queda de pressão no equipamento de tratamento de ar e no sistema de condutas. A queda de pressão pode ser reduzida aumentando o tamanho da conduta, mas isso aumentará o primeiro custo. Daí a necessidade de um equilíbrio correto. Seguem-se algumas regras gerais que devem ser seguidas na conceção das condutas.

I. O ar deve ser transportado tão diretamente quanto possível para economizar energia, material e espaço.
II. Devem ser evitadas mudanças bruscas de direção. Quando as curvas são essenciais, devem ser utilizadas palhetas rotativas para minimizar a perda de pressão.
III. As velocidades do ar na conduta devem estar dentro dos limites permitidos para minimizar o ruído.
IV. A secção divergente deve ser feita gradualmente. O ângulo de divergência não deve exceder 20°.
V. As condutas rectangulares devem ser feitas tão quadradas quanto possível. Isto assegurará uma superfície mínima da conduta e, consequentemente, um custo,

para a mesma capacidade de ar. Deve ser mantida uma relação de aspeto inferior a 4:1.

VI. As condutas devem ser feitas de materiais lisos, como ferro galvanizado (GI) ou chapas de alumínio. Sempre que forem utilizados outros materiais, deve ter-se em conta a rugosidade do material.

Devem ser instalados amortecedores VILD em cada saída de ramal para equilibrar o sistema. VIII. Evitar a obstrução das condutas.

EQUAÇÃO DE CONTINUIDADE PARA CONDUTAS

Considere-se o fluxo de ar através de uma conduta entre as secções 2-2, como se mostra na figura (a)

Deixar

Q_I = Quantidade de ar que passa pela secção 1-1,

m_I = Caudal mássico de ar através da secção 1-1,

A_I = Área da secção transversal da conduta na secção 1-1,

V_I = Velocidade do ar na secção 1-1,

ρ_I = densidade do ar na secção 1-1,

$m_1 = \rho_1 Q_1 = \rho_1 A_1 V_I$ ----------------- $(Q_1 = A_1V_1)$ ----- (i)

e caudal mássico de ar através da secção 2-2,

$m_2 = \rho_2 Q_2 = \rho_2 A_2 V_2$ ----------------- $(Q_2 = A_2V_2)$----- (ii)

Uma vez que o caudal mássico de ar através das secções 1-1 e 2-2 é o mesmo, igualando (i) e (ii) obtém-se

$$\rho_1 A_1 V_1 = = \rho_2 A_2 V_2$$

Normalmente, a densidade do ar é considerada constante (1,2 kg/m^3) para efeitos de ar condicionado, pelo que

$$m_1 = m_2 + m_3$$

ou $$\rho_1 Q_1 = \rho_2 Q_2 + \rho_3 Q_3$$

Uma vez que a densidade do ar é considerada constante num sistema de condutas, portanto

$$Q_1 = Q_2 + Q_3$$

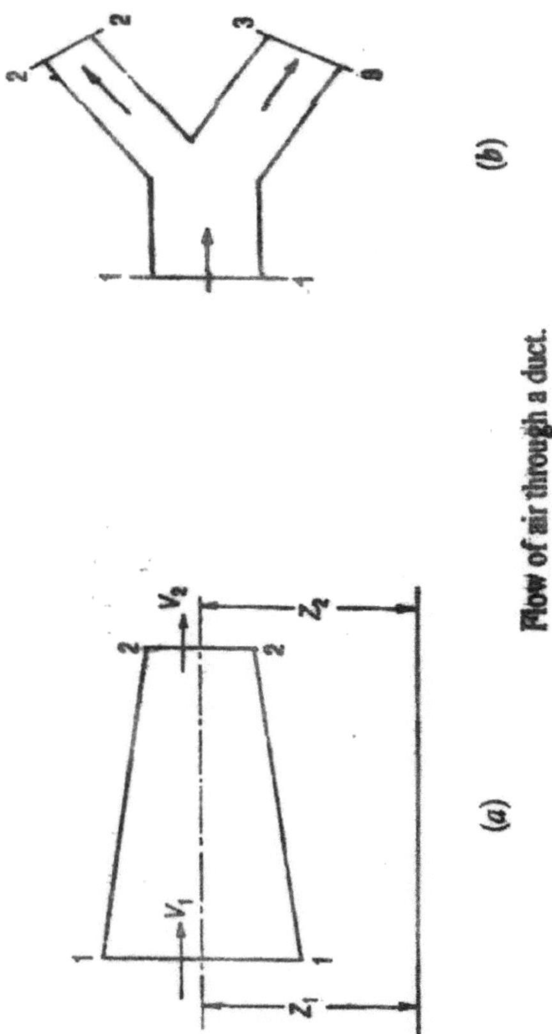

FORMA DO DUTO

A conduta pode ser fabricada em forma circular, retangular ou quadrada. De um ponto de vista económico, a conduta circular é preferível porque a forma circular pode transportar mais ar em menos espaço. Isto significa que é necessário menos material para a conduta, menos superfície para a conduta, menos fricção na superfície da conduta e menos isolamento. Do ponto de vista da aparência, a forma retangular da conduta pode ser preferida porque apresenta uma superfície plana que, por vezes, é mais fácil de trabalhar em relação à superfície de acabamento da sala ou do espaço. Do ponto de vista prático, a conduta quadrada pode ser preferida.

MATERIAL DO DUCTO

As condutas são normalmente feitas de chapa de ferro galvanizado, chapa de alumínio ou aço preto. O material de conduta mais utilizado nos sistemas de ar condicionado é a chapa galvanizada porque o revestimento de zinco deste metal evita a ferrugem e evita o custo da pintura. A espessura da chapa da conduta de ferro galvanizado (G.I.) varia entre 26 calibres (0,55 mm) e 16 calibres (1,6 mm). O alumínio é utilizado devido ao seu peso mais leve e à sua resistência à humidade. A chapa preta é sempre pintada, exceto se suportar temperaturas elevadas.

Atualmente, a utilização de condutas não metálicas tem vindo a aumentar. As condutas de fibra de vidro ligadas com resina são utilizadas porque são bastante resistentes e fáceis de fabricar de acordo com a forma e o tamanho desejados. São utilizadas em aplicações de baixa velocidade, inferior a 600 m/min, e para pressões estáticas inferiores a 5 mm de calibre de água. A conduta de cimento-amianto pode ser utilizada para a distribuição de ar subterrâneo e para a exaustão de materiais corrosivos. A conduta de madeira pode ser utilizada em locais onde o teor de humidade do ar não é muito elevado.

CAPÍTULO 6

CONCLUSÃO

A partir deste trabalho/projeto de investigação, obtemos uma visão geral de como devemos proceder no domínio do ar condicionado, como o cálculo da carga, condutas, posição da conduta de alimentação na divisão. Este projeto tem relevância prática no domínio do Ar Condicionado, Aquecimento e Ventilação.

A carga de arrefecimento do edifício foi calculada com base no primeiro princípio, no formulário de estimativa de carga ACRI e na regra do polegar. Verificou-se que, a carga de arrefecimento pelo primeiro princípio = 25,23 toneladas

A carga de arrefecimento segundo a folha de estimativa de carga ACRI é de 23,2 toneladas

A carga de arrefecimento, segundo a regra do polegar, é de 33,81 toneladas

A carga de arrefecimento segundo o primeiro princípio é superior à da folha de estimativa de carga do ACRI e a carga de arrefecimento segundo a regra do polegar é superior à da folha de estimativa de carga do ACRI. A diferença é de apenas 0,0804% e 0,3136%, o que pode ser tido em consideração.

CAPÍTULO 7

BIBLIOGRAFIA

1. CARRIER, "Hand Book of AC System Design", McGraw-Hill New Book Company.
2. STOCKER. W.F.e JONES, J.W., "Refrigerator & Air-Conditioning", Tata McGraw Hill New Delhi 1982.
3. ARORA C.P. "Refrigeration & Air Conditioning". Tata McGraw Hill New Delhi 1981.
4. ASHARE, "HandBook Of Fundamental Volume", American Society Of Heat Refrigeration And Air Conditioning Engineers, 1981.
5. Prasad.M, "Referigeration&Air-Conditioning" WilseyEasterLimited,New Delhi 1982.

MIX
Papier aus verantwortungsvollen Quellen
Paper from responsible sources
FSC® C105338

Printed by Books on Demand GmbH, Norderstedt / Germany